硫黄装置隐蔽项目检查方法

中国石油化工股份有限公司炼油事业部 编

中国石化出版社

图书在版编目（CIP）数据

硫黄装置隐蔽项目检查方法 / 中国石油化工股份有限公司炼油事业部编．—北京：中国石化出版社，2020.7

ISBN 978-7-5114-5862-9

Ⅰ.①硫…　Ⅱ.①中…　Ⅲ.①硫磺回收－回收装置－设备检修　Ⅳ.①TE644

中国版本图书馆 CIP 数据核字（2020）第 102575 号

中国石化出版社出版发行

地址：北京市东城区安定门外大街 58 号
邮编：100011　电话：(010) 57512500
发行部电话：(010) 57512575
http: //www.sinopec-press.com
E-mail : press@sinopec.com
北京柏力行彩印有限公司印刷
全国各地新华书店经销

*

710×1000 毫米 16 开本 3.75 印张 39 千字
2020 年 7 月第 1 版　2020 年 7 月第 1 次印刷
定价：30.00 元

编 委 会

序　言

随着我国炼化装置越来越大型化、智能化和集约化，安全、环保、稳定运行和效益的矛盾日益突出，如何实现炼化装置设备、管道及设施的长周期完好，是摆在我们面前急需解决的课题。隐蔽项目的检查是装置检修的难点，不仅存在着诸多的未知因素，而且还面临着隐蔽项目检查和检修不到位或判断失误，造成装置停车或事故，严重影响着装置的“安稳长”运行。

目前，大型的炼化装置已经实现了“四年一修”的目标，未来正在向“五年一修”的目标迈进，要求各级设备管理人员不仅要有设备运行、维护和检修的经验，更重要的是对隐蔽项目会制定方案、会找问题、会检修，确保装置设备、管道及设施在可控的范围内发挥更大的作用。随着设备检修要求的提高和检修周期的延长，装置与之管理相适应人员的经验略显不足，技术水平急需提高，隐蔽项目“不怕查出问题，就怕有问题查不出来”，这种现象已经引起了我们的高度重视。目前急需一个装置隐蔽工程检查规范的指导性书籍，把隐蔽项目检查内容、方式和作业行为进行规范，避免由各企业或者设备管理人员、检修人员自行操作，使之过去存在的随意性大、不科学、不专业得以纠正，防止出现过修、失修造成安全事故。编制一部具有较强的专业性和实用性的工具书来指导隐蔽项目检查，势在必行。

本书是一部专门针对炼油装置隐蔽项目检查方法和过程控制的工具书，重点解决隐蔽项目“查什么？怎么查？过程如何控制？”的问题，针对中国石化炼化装置历史故障和维修的大量数据，分析可能出现的问题，利用现代的检测手段，制定检查部位和检查方法，确定修复措施。本书对于指导工艺管理人员、设备管理人员、检修人员制定检修计划、检修方案具有很强的实用价值，有助于提高隐藏缺陷的检出率、修复率和检修效率，降低因隐蔽项目带来的风险和经济损失。本书语言通俗易懂，描述细致详实，图文并举，可作为检修方案的编制依据，可作为工艺、设备和检维修管理人员的培训教材，可作为专业人员的参考书籍。

诚然，由于时间仓促，编者水平有限，本书难免有错漏之处，需广大设备管理工作者在实践中不断指正，在以后的版本中加以改进和完善。

目　录

1　硫黄装置介绍

1.1　硫黄主要工艺简介

硫黄装置主要由四个部分组成，即制硫部分、尾气处理部分、尾气焚烧部分和液硫成型部分。制硫部分普遍采用改良克劳斯工艺（亦称常规克劳斯），一般能够回收酸性气中93%~95%的元素硫，剩余的元素硫则由尾气处理部分回收，最后尾气采用热焚烧工艺焚烧后排入大气。液硫成型部分通常根据用户产品要求外购不同的成型机组。

原料酸性气经气－液分离器脱除水分和烃类后，与空气鼓风机来的空气经预热后进入反应炉，使酸性气中的烃和氨完全燃烧，同时使酸性气中三分之一的 H_2S 燃烧生成 SO_2。燃烧后的过程气经废热锅炉取热产生中压蒸气，然后过程气进入第一硫冷凝器冷却后，硫蒸气被冷凝下来并与过程气分离，低温的过程气经一级加热器，进入一级转化器，在转化器内过程气中未反应的 H_2S 和 SO_2 发生 Claus（克劳斯）反应直至达到平衡。从一级转化器流出的过程气进入二级硫冷凝器，硫被冷凝并通过二级硫封罐进入液硫池。从二级硫冷凝器流出的过程气经过二级反应进料加热器加热后，进入二级转化器，在反应器内过程气中未反应的 H_2S 和 SO_2 发生 Claus 反应直至达到平衡。过程气离开二级转化器后进入三级硫冷凝器，在二级转化器内反应生成的硫被冷凝并通过三级硫封罐进入液硫池。由三级硫冷凝器出来的过程气进入尾气捕集器，在尾气捕集器中捕集下来的过程气中夹带的硫通过四级硫封罐进入液硫池。过程气离开尾气捕集器后进入尾气处理单元。

来自制硫单元的尾气经尾气加热器，再混入氢气后进入加氢反应器，反应器内装填的催化剂是特殊的低温耐氧性加氢催化剂，在加氢反应器中，尾气中的 SO_2、COS、CS_2 及单质硫等均被加氢或水解为 H_2S。从加氢反应器出来的高温尾气经冷却器后进入急冷塔的下部，尾气在急冷塔中通过与急冷水直接逆流接触来降低温度，尾气离开急冷塔顶后进入到吸收塔，尾气中的 H_2S 气体在吸收塔中被脱硫溶剂吸收，吸收塔顶的经净化的尾气自压进入尾气焚烧部分。

来自吸收塔顶的尾气进入尾气焚烧炉，与外补燃料气、空气混合燃烧，炉膛温度约为 800℃，尾气中剩余的 H_2S 和其他硫化物在尾气焚烧炉内进行燃烧并转化为 SO_2，其他可燃物如烃类、氢及 CO 等也同时被完全氧化。离开炉膛的高温烟气依次进入尾气焚烧炉、废热锅炉，经冷却、碱洗 SO_2 浓度达标后经烟囱排放。

克劳斯法制硫的基本工艺是使含 H_2S 的酸性气在燃烧炉内用空气进行不完全燃烧，严格控制配风量，使 H_2S 反应后产生的 SO_2 量满足 H_2S/SO_2 分子比等于或接近于 2，未反应的 H_2S 与生成的 SO_2 在没有催化剂的高温条件下进行反应，生成气态硫和水，随后经冷凝步骤分离出液体硫黄，分离硫后的过程气经加热进入催化反应器（称之为转化器），其中未反应的 H_2S 和 SO_2 在催化剂存在下继续反应，生成元素硫和水（仍为气态），转化段生成的元素硫也经冷凝分离加以回收。催化段反应一般为两段，为了提高 H_2S 总转化率也有设三段甚至四段的，实际反应是比较复杂的。

硫黄装置原则流程图如图 1 所示。

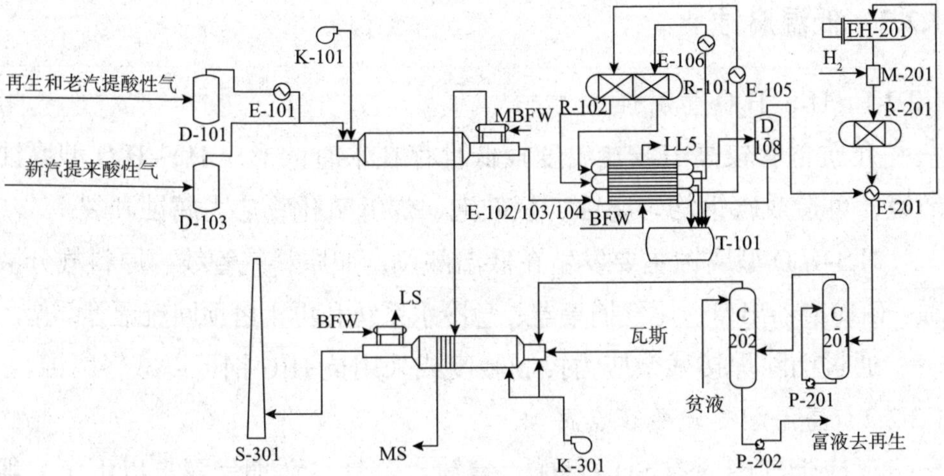

图 1　硫黄装置原则流程图

1.2　装置腐蚀机理及腐蚀分布情况

硫黄回收装置过程气中含有 H_2S、SO_2、COS、CS_2、硫蒸气和水蒸气等高温气体，这些气体能对装置设备产生不同程度的腐蚀，因此腐蚀问题是硫黄回收装置大修隐蔽工程检查的重要内容。

1.2.1　高温腐蚀

介质中含有 H_2S、SO_2、COS、CS_2、硫蒸气和水蒸气的设备管线，当温度大于 250~300℃时，这些含硫气体将与金属发生反应生成硫化物而腐蚀（高温硫腐蚀），温度越高腐蚀越严重。

高温硫腐蚀主要发生在酸性气反应炉、焚烧炉及废热锅炉和废热锅炉出口管线。废热锅炉入口烟气温度超过 1000℃，因此管板以及换热管与管板接触部位的高温硫腐蚀最严重，如耐酸衬里出现问题，烟气穿过衬里与器壁发生硫腐蚀。

一般通过采用耐蚀材料或增加耐酸隔热衬里方法减少腐蚀。

1.2.2 低温腐蚀

1.2.2.1 H_2S–H_2O 型腐蚀

介质含有较高 H_2S 在温度较低且存在水时，形成 H_2S–H_2O 型腐蚀环境，可造成碳钢均匀腐蚀、氢鼓泡、焊缝硫化物应力腐蚀开裂。

H_2S–H_2O 型腐蚀主要发生在低温部位，如原料气管线、原料气分液罐、硫冷凝器出口、尾气捕集器、急冷水系统和再生塔顶回流罐等部位。

通过消除焊接残余应力控制硬度或采用抗 HIC 钢可以减轻腐蚀。

1.2.2.2 高温烟气硫酸露点腐蚀

反应烟气中含有 SO_3、SO_2、氧与水蒸气，在烟气露点以下（一般 110℃以下）形成稀硫酸或亚硫酸性环境，引起材料的腐蚀。

高温烟气硫酸露点腐蚀主要发生部位有过程气管线、尾气管线、液硫脱气管线、硫冷凝器出口、捕集器和尾气处理部分以及烟囱顶部。如燃烧炉、反应器衬里完好，过程气对衬里没有腐蚀，但当衬里出现裂缝、脱落时，过程气窜入衬里并与设备壳体内壁接触，由于衬里内层温度低，过程气中的 SO_3 产生露点腐蚀。

通过控制温度达到露点温度以上、采取材质防护或耐酸衬里的方法防止腐蚀。

1.2.2.3 RN_2（乙醇胺）–CO_2–H_2S–H_2O 型腐蚀

脱硫溶剂一般采用 MDEA（*N*– 甲基二乙醇胺），在碱性介质下，由 CO_2 及胺引起应力腐蚀开裂和均匀减薄。均匀腐蚀主要是由 CO_2 引起的，流速高存在冲刷的部位腐蚀更为严重；应力腐蚀开裂是由胺、CO_2、H_2S 和设备所受的应力引起的。

RN_2–CO_2–H_2S–H_2O 型腐蚀主要发生在胺系统中的贫富液管线、再生塔和再生塔底重沸器等部位。其中再生塔底重沸器和出入口管线、贫富液换热器等温度较高部位的腐蚀最为严重。

通过消除 MDEA 装置碳钢金属温度大于 82℃部位的应力，控制胺中热稳盐（小于 2%），以及选用不锈钢材质来减少腐蚀。

2 硫黄装置隐蔽项目检查及处理

2.1 反应器

2.1.1 结构简图

反应器结构如图 2 和图 3 所示。

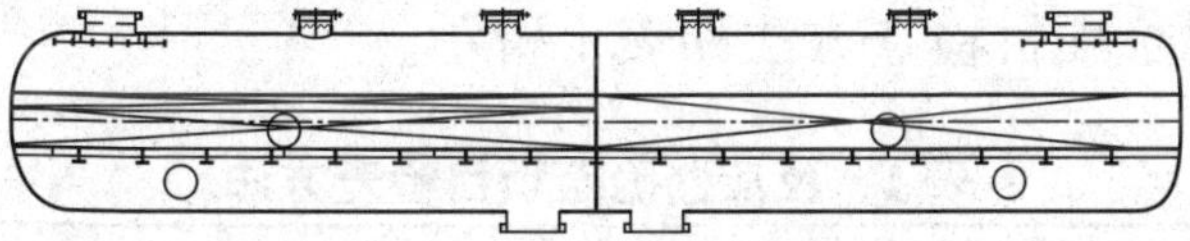

图 2 一、二级反应器结构简图

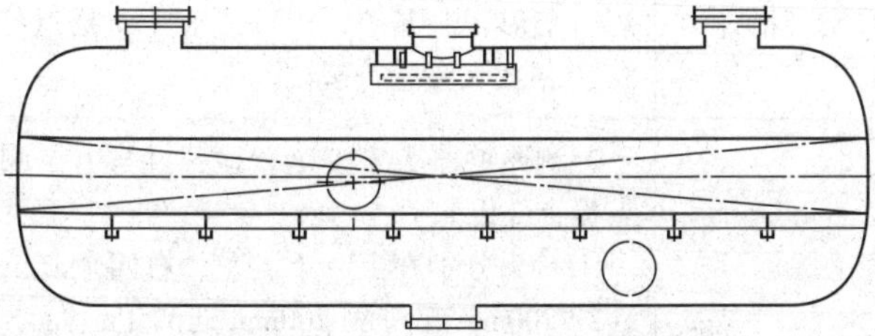

图 3 加氢反应器结构简图

2.1.2 结构特点和失效机理

硫黄回收装置反应器一般有克劳斯反应器和加氢反应器，克劳斯反应器也称转化器，一般为两段，为提高 H_2S 总转化率也有设三段甚至四段的，实际反应是比较复杂的。在反应器中过程气中的 H_2S、SO_2

在催化剂作用下，进一步反应生成元素硫和水（气态）。在加氢反应器中克劳斯尾气与氢气混合并被加热到300℃左右，在钴钼催化剂的作用下，尾气中携带的单质硫和SO_2进行加氢反应，COS、CS_2进行水解反应，所有S被转化为H_2S。

由于反应器中介质是含硫量较高的各种高温气体、液体，腐蚀性较强，主要发生高温硫腐蚀和硫酸露点腐蚀。反应器一般采用内衬隔热耐酸衬里，起到防止壳体腐蚀和维持反应器温度的作用；壳体一般采用碳钢；内件主要为格栅、丝网，主要作用是承载催化剂和防止催化剂漏下，采用不锈钢材质。一般大中型硫黄回收装置都采用卧式，规模小的可选择立式反应器。

2.1.3 隐蔽项目检查方法

反应器隐蔽项目检查方法如表1所示。

表1　反应器隐蔽项目检查方法

设备部位	检查项目	检查内容及标准
壳体	1. 宏观检查	1. 容器本体、对接焊缝、接管角焊缝等部位的裂纹、过热、变形、泄漏等，焊缝表面（包括近缝区），以肉眼或5~10倍放大镜检查裂纹。
	2. 测厚检查	2. 测厚壁厚大于安全壁厚，且与上次测量数据接近，重点检查部位如下： ①封头分别在上、下、左、右四个方位距封头与筒体环缝约200mm起每隔200mm处测定；筒体距封头与筒体或筒节间环缝约40mm处分上、下、左、右四个方位测定。 ②所有接管短节距筒体约50mm处测定四个点，四个点沿圆周均布。 ③表面宏观检验查出的缺陷已进行打磨处。 ④发现严重腐蚀部位及冲刷凹陷处。
	3. 无损检测	3.1 超声波重点检查部位为顶部弯管、上封头，其他部位进行抽检检查。

续表

设备部位	检查项目	检查内容及标准
壳体	3. 无损检测	3.2 从外表面对主焊缝进行检验，首先对主焊缝进行磁粉或超声探伤（比例按 TSG 21《固定式压力容器安全技术监察规程》确定）。
		3.3 渗透检查裂纹情况，具体检查位置如下： ①支承圈周围、吊耳焊缝、管口焊缝、主焊缝、裙座环焊缝、顶部弯管法兰及连接管道法兰。 ②返修部位。 ③其他部位进行抽检检测。
		3.4 硬度检测，检查主要受压元件材质是否劣化。主要检查部位为焊缝及热影响区，其他部位进行抽检。
	4. 引压点检查	4. 引压管畅通完好；小接管检查无腐蚀减薄。
	5. 压力表、仪表等辅助安全设备检查	5. 相关压力表、仪表拆检校验合格。
	6. 基础检查	6. 基础板无腐蚀；基础无裂纹破损、下沉、歪斜；地脚螺栓无松动。
格栅、丝网	1. 连接检查	1. 格栅与丝网连接牢固，搭接处宽度不小于 30mm。
	2. 卸料管检查	2. 卸料管法兰紧固可靠。
	3. 支承梁等检查	3. 支承梁无裂纹、变形等情况，着色检查合格。
进口分布器	1. 宏观检查	1. 目视检查进料分布器有无腐蚀、损坏。
密封面	1. 宏观检查	1. 密封面光洁，无机械损伤、径向刻痕、严重锈蚀等缺陷。
	2. 无损检测	2. 结合日常运行及宏观检查情况，必要时密封面进行无损检测，无裂纹。
器壁衬里	1. 衬里检查	1. 器壁内衬里无开裂、松动、鼓包和脱落情况。

2.1.4 处理措施

（1）裂纹处理：对于外表面深度小于 3mm 裂纹等缺陷打磨修复。超过 3mm 的组织专家评审修复方案或作合于使用评价。

（2）螺栓检查：器内螺栓一般拆检后进行更换，如需重复使用需要进行无损检测。

（3）内构件更换周期：易损件发现损坏后进行更换；非易损件（如热电偶等）需进行评估后进行更换或修复。

（4）密封面损坏，视情况修复。

（5）更换不合格压力表及辅助设备。

（6）衬里出现开裂等缺陷应进行修复。

2.2 塔器

2.2.1 结构简图

塔器结构如图 4 和图 5 所示。

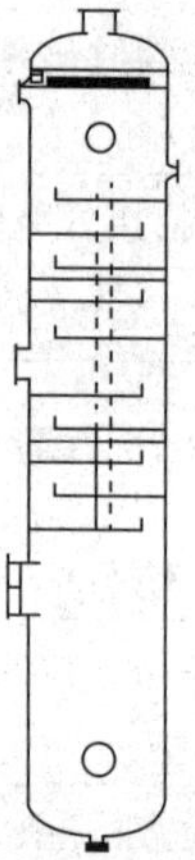

图 4 板式塔结构简图

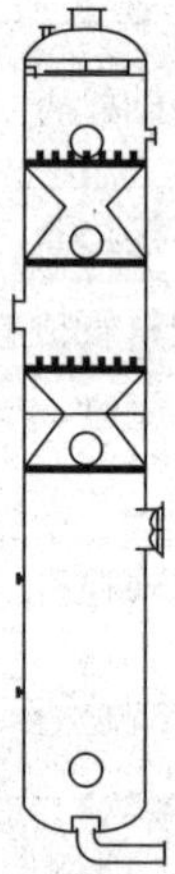

图 5 填料塔结构简图

2.2.2 结构特点和失效机理

硫黄装置的塔器一般包括液硫脱气塔、急冷塔、吸收塔和溶剂再生塔等，其中脱气塔和吸收塔为填料塔，急冷塔和溶剂再生塔为板式塔。

加氢反应后的尾气在急冷塔中被逆流来的冷却水冷却，而加氢尾气中硫化氢含量高（克劳斯尾气中的硫全部转化为硫化氢），对设备腐蚀严重，发生 H_2S–H_2O 型腐蚀。急冷塔壳体材质一般选择整体不锈钢或碳钢 + 不锈钢复合板，内件材质采用不锈钢材质。

吸收塔为填料塔，从急冷塔冷却后的高含硫化氢过程气进入吸收塔，其中的 H_2S 和大部分 CO_2 等被 MDEA 溶剂吸收，壳体材质一般为碳钢，塔内填充不锈钢规整填料和金属环矩鞍填料。

溶剂再生塔为板式塔，吸收 H_2S 的富胺液（MDEA 溶剂）进入塔内进行解吸，在再生塔内胺液中吸收的 H_2S 被释放出来，生成再生贫液。腐蚀机理是塔底部位 RN_2（乙醇胺）– CO_2–H_2S –H_2O 型腐蚀环境，在流速高、温度高的部位更加剧腐蚀，塔顶发生低温 H_2S–H_2O 型腐蚀。壳体材质一般选择碳钢 + 不锈钢复合板，内件、塔盘材质选用不锈钢材质。

2.2.3 隐蔽项目检查方法

塔器隐蔽项目检查方法如表 2 所示。

表 2 塔器隐蔽项目检查方法

设备部位	检查项目	检查内容及标准
壳体	1. 宏观检查	1.1 目视检查塔体无腐蚀、鼓包、变形。
		1.2 目视或用 5~10 倍放大镜检查外部对接焊缝、接管角焊缝，无裂纹。接管角焊缝可以用尖头锤敲击检查，判断是否存在脱落、减薄等情况。
		1.3 对于复合衬板的，要检查焊缝的情况，以及腐蚀、鼓包情况。
		1.4 检查各个抽出口、仪表口是否顺畅，是否存在堵塞，如果有抽出挡板的，应先抽干周围的残留液体，检查抽出挡板情况，不能有松动、晃动的情况。
		1.5 检查筒体的外保温、保温支承结构及油漆的情况。

续表

设备部位	检查项目	检查内容及标准
壳体	2. 壁厚测量	2. 剩余壁厚应大于安全壁厚，对比上一次的数据，计算年腐蚀率，针对现在加工高酸高硫的原油，一般年腐蚀率控制在 0.25mm/a，如果有必要，扩大检测范围。重点检查部位如下： ①各段筒体分别进行抽检测厚，具体的测量点数视塔的直径决定。 ②对筒体上的各个出口及返回口的法兰颈或者直管段进行测厚，对于伸入塔内的接管，也应进行测厚，剩余厚度可满足下一周期使用要求。 ③根据日常操作液位波动区域上下 1000mm 区域。 ④上、下部封头。 ⑤表面宏观检验查出的缺陷已进行打磨处。 ⑥发现严重腐蚀部位及冲刷凹陷处。 ⑦错边及棱角度较严重的部位。
	3. 无损检测	3.1 从外表面对主焊缝进行检验，首先对主焊缝进行磁粉或超声探伤（比例按 TSG 21《固定式压力容器安全监察规程》确定）。
		3.2 渗透检查裂纹情况，具体检查位置如下： ①支承梁、吊耳焊缝、内壁环焊缝、接管焊缝、裙座环焊缝、顶部弯管及连接管道法兰。 ②返修后部位。 ③其他部位进行抽检检测。
	4. 材质劣化检查	4. 抽检筒体、筒体焊缝的硬度。
塔内件	1. 宏观检查	1.1 目视检查塔盘等部件，无结焦、污垢、堵塞。
		1.2 目视检查塔板支承结构，无腐蚀、变形，坚固可靠，测量几何尺寸和材质符合图纸规定。
		1.3 使用尖头锤敲击检查塔盘及紧固件，连接坚固牢靠，不能有任何松动现象。
		1.4 检查塔内接管的紧固件及法兰密封件，无松动及腐蚀。
	2. 测量检查	2.1 对塔盘和塔内构件进行测厚，测厚的点数视宏观检查的腐蚀情况决定，一般进行抽检；发现出问题的数量较大时，考虑铺开全面检查，一个原则是其剩余厚度应保证至少能使用到下个检修周期。

续表

设备部位	检查项目	检查内容及标准
塔内件	2. 测量检查	2.2 支承圈上表面应平整,(用水平仪测量)整个支承圈水平度允差为(D≤1600)3mm、(D=1600~4000)5mm、(D=4000~6000)6mm;相邻两层支承圈的间距尺寸偏差为 ±3mm,任意两层支承圈间距尺寸偏差在20层内为 ±10mm。
		2.3 支承梁上表面应平直,其直线度公差为1‰ L(L为支承梁长度),且不大于5mm;支承梁上表面应与支承圈上表面在同一水平面上,(用水平仪测量)水平度允差为3 mm。
进料口	1. 宏观检查	1. 主要检查防冲刷板的情况,是否存在明显的腐蚀、各个支承板是否存在松动,用尖头锤敲击检查,确认其支承能力。
密封面	1. 宏观检查	1. 密封面光洁无机械损伤、径向刻痕、严重锈蚀等缺陷。
	2. 无损检测	2. 结合日常运行及宏观检查情况,必要时对密封面进行无损检测,无裂纹。
塔附件	1. 检查塔区消防线、放空线等安全设施	1. 宏观检查消防线、放空线齐全畅通。
	2. 检查梯子、平台、栏杆	2. 目视或用敲击检查,钢结构焊缝无开裂,平台板、楼梯踏板、护栏无缺失,无腐蚀穿孔,无变形,连接牢固,有足够承重和防护能力,防腐涂层、防火层完好。
塔体防腐	1. 宏观检查	1.1 塔体防腐层不应有鼓泡、裂纹和脱层。
		1.2 检查保温拆开处,保温层下无腐蚀。

2.2.4 处理措施

(1)裂纹处理:内、外表面不允许有裂纹。如果有裂纹,应当打磨消除,打磨后形成的凹坑在允许范围内;否则,应当补焊或者进行应力分析,经过补焊合格或者应力分析结果表明不影响安全使用的,可不处理。

(2)螺栓检查:螺栓一般拆检后需保存完好,必要时进行无损检测抽查;根据使用状况及抽检情况制定更换螺栓比例,更换新螺栓需对角更换。

（3）内构件更换周期：易损件发现损坏后进行更换；非易损件（如热电偶等）需进行评估后进行更换或修复。

（4）更换不合格压力表及辅助设备。

（5）按规定进行基础修复。

（6）按相关防火及防腐规定修复。

2.3 换热器

2.3.1 结构简图及特点

装置常用为管壳式换热器，如固定管板式、浮头式和U形管式。也有部分特殊结构的换热器，如板式换热器、电加热器等。

2.3.1.1 固定管板式换热器

固定管板式换热器结构如图6所示。

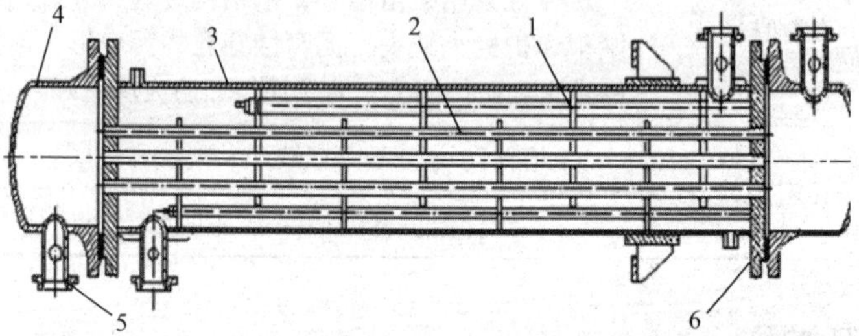

图6 固定管板式换热器结构简图

1—折流板；2—管束；3—壳体；4—封头；5—接管；6—管板

固定管板式换热器两端的管板均与壳体焊成一体。这种换热器结构坚固、处理量大、适应性强、成本低。由于管板相对于壳体不能有位移，当管子与壳体温度相差较大时，由于膨胀程度不同，会产生较大的热应力，并且不易清洗，所以这类换热器只能用于管壳侧介质的温差较小、不易结垢的流体换热。

一般规定当冷、热介质对数平均温差大于50℃时即不使用。硫黄装置一至三级硫冷凝器、气气换热器等一般都选用固定管板式换热器。

2.3.1.2 浮头式换热器

浮头式管壳换热器的两端分别设计固定管板和活动管板，浮头可以沿管长方向在壳体内自由移动，不会由于两流体温差太大而产生温差应力，管束还可以拉出来清洗或更换，适用于各种温差类别流体的换热，是目前炼厂应用最多的一类换热器，如图 7 所示。

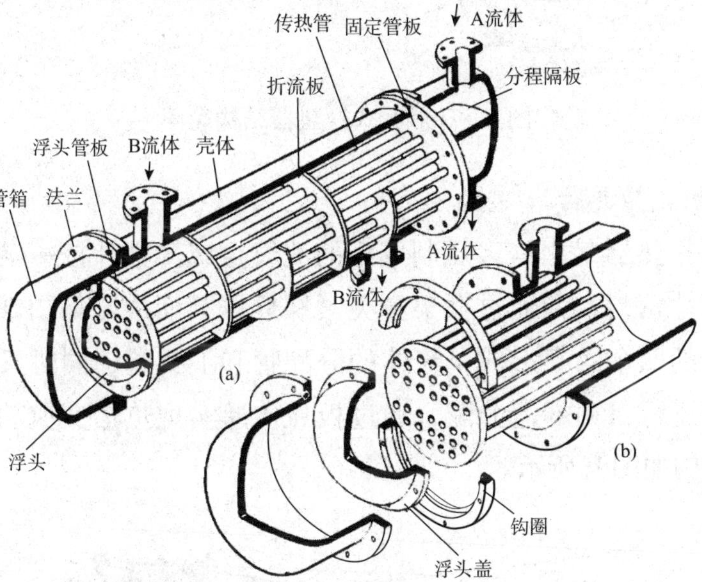

图 7 浮头式换热器结构图

当壳程一侧的介质压力很高，管程及壳程两侧介质温差较大时，通常采用一端管板与壳体固定，另一端管板与壳体有相对位移的浮头式换热器。

2.3.1.3 U 形管式换热器

U 形管式换热器结构如图 8 所示。

U 形管式换热器的每一束管子都被制成不同曲率半径的 U 形，其两端都固定在同一块管板上，并用隔板将封头隔成两室，可适用于温差较大的两流体。其构造简单，生产成本低，但是 U 形部分管子清洗困难，U 形管排列数目少，传热面积小，适用于温差大、不易结垢的流体。

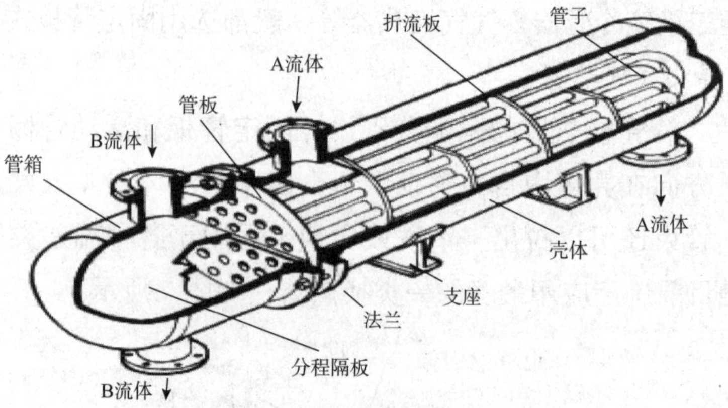

图 8　U 形管式换热器结构简图

2.3.1.4　板式换热器

板式换热器是由许多压制成型的波纹金属薄板片按一定的间隔，四周用垫片密封，并通过框架和夹紧螺栓压紧而成，如图 9 所示。板片和垫片的四个角孔形成了流体的分配管和汇集管，同时又合理地将冷热流体进行自由导流分配，通过板片传递实现热量交换功能。板式换热器结构如图 9 所示。

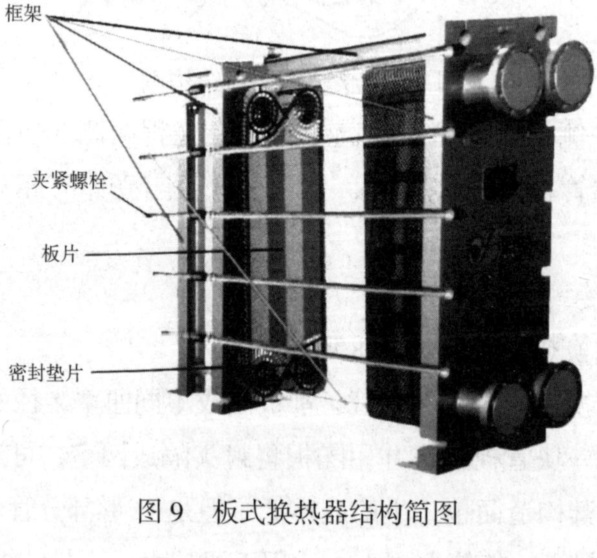

图 9　板式换热器结构简图

2.3.2　失效形式

2.3.2.1　常用换热器失效形式

造成换热设备劣化和失效的主要形式和原因有腐蚀、机械及热应力损伤。

（1）腐蚀

换热设备管束受到的腐蚀取决于管束内外侧介质的化学组分、浓度、压力、流速，以及管束本身的材质性能。腐蚀主要有以下表现形式：

①介质引起的均匀腐蚀；

②应力腐蚀开裂，如奥氏体不锈钢管的应力腐蚀开裂；

③冷却水引起的各种腐蚀，如磨蚀与冲蚀，结垢引起的坑蚀，还有一些其他形式的腐蚀，如管子与管板间的缝隙腐蚀，管板与管束材质不一引起的电偶腐蚀等。硫黄装置腐蚀较为严重的换热器一般包括：硫冷凝器、气气换热器、酸性气冷却器等，以低温 H_2S–H_2O 型腐蚀环境为主，腐蚀形态包括均匀腐蚀、氢鼓泡、焊缝硫化物应力腐蚀开裂等；贫富胺液换热器和再生塔底重沸器，腐蚀机理是 RN_2（乙醇胺）–CO_2–H_2S–H_2O 型腐蚀环境，在流速高、温度高的部位更加剧腐蚀。

（2）机械及热应力损伤

换热设备会在使用中受到各种不同类型的机械损伤，主要有以下几种情况：

①管子与管板胀接处发生松动；

②管子与管板大的温差引起的焊缝开裂、胀接松脱；

③化学清洗及机械清理引起的损伤；

④振动产生的疲劳损伤。

2.3.2.2　板式换热器的失效形式

常见板式换热器的失效形式为内漏和外漏。由于板式换热器的密封周边较长，板片又较薄，在使用过程中可能会出现渗漏现象。渗漏现象可分为内漏和外漏两种情况。

（1）板式换热器的外漏

这是指换热设备内的介质向外部空间的渗漏。这种渗漏现象一般容易发现，引起这种渗漏的主要原因是垫片老化、被腐蚀或板片变形。当发生这种渗漏时，应及时在渗漏部位做上记号，打开设备以更换垫片或板片。

（2）板式换热器的内漏

这是指换热设备内的两种介质由于某种原因造成高压侧介质向低压侧渗漏。这种渗漏现象一般不易及时发现。引起这种渗漏的主要原因是板片穿孔、裂纹和被腐蚀。发现这种渗漏的方法是要经常对低压侧的介质进行化验，从其组分的变化中加以判断。

2.3.3　隐蔽项目检查方法

2.3.3.1　管壳式换热器（以浮头式换热器为例）

管壳式换热器隐蔽项目检查方法如表 3 所示。

表 3　管壳式换热器隐蔽项目检查方法

设备部位	检查项目	检查内容及标准
壳体	1. 外观检查	1.1 目视检查筒体、封头、管箱、接管、附属仪表外部，无变形、泄漏、腐蚀、开裂等；目视或用锤击检查接管及角焊缝，无腐蚀脱落、无裂纹，坚实牢固。
		1.2 目视检查筒体内表面，无严重腐蚀的凹坑、凹槽（能满足强度要求）；检查内部焊缝，无腐蚀开裂；各管口畅通无堵塞。
		1.3 目视检查管箱隔板腐蚀减薄情况，从腐蚀速率判断剩余厚度是否满足下一周期使用要求。
		1.4 用铁丝等物插入引压管，畅通完好。

续表

设备部位	检查项目	检查内容及标准
壳体	2. 测厚检查	2.1 重点检查部位：两端封头、物料进、出口、流量转向、界面突变处、接管部位。
		2.2 宏观检查发现减薄部分。
		2.3 测厚点数根据设备尺寸、以往检验数据确定。
	3. 无损检测	3.1 从外表面对主焊缝进行检验，首先对主焊缝进行磁粉或超声探伤（比例按 TSG 21《固定式压力容器全安技术监察规程》确定）。
		3.2 渗透检查裂纹情况，重点检查位置如下： ①管口角焊缝； ②返修部位； ③其他部位进行抽检检测。
	4. 压力表、仪表等辅助安全设备检查	4. 相关压力表、仪表拆检校验合格。
	5. 基础检查	5. 基础板无腐蚀；基础有无裂纹、破损、下沉、歪斜；地脚螺栓无松动。
管束	1. 管束堵塞及结垢情况	1. 目测、高压水通水检查、通钢管检查，应无堵塞及结垢。
	2. 密封面	2. 目测有无影响密封的缺陷，如凸起、凹坑、划痕，密封面应无径向划痕或损伤。
	3. 管束防腐	3. 对于涂料防腐的管束，目测及测量检查脱落情况，判断是否可以使用至装置运行周期末。
	4. 管子	4. 目测、内窥镜、涡流测厚检查管子腐蚀、变形等损坏情况。
	5. 管板及其他管束构件	5. 目测及测量检查管板、折流板、防冲挡板等腐蚀及损坏情况。
小浮头及螺栓	1. 本体及密封面	1. 目测及测量检查浮头盖完好情况，目测密封面有无影响密封的缺陷，如凸起、凹坑、划痕，密封面应无径向划痕或损伤。
	2. 螺栓	2. 目测、测量检查螺栓的腐蚀、螺纹损坏情况。
管箱	1. 本体及密封面	1. 目测及测量检查浮头盖完好情况，目测密封面有无影响密封的缺陷，如凸起、凹坑、划痕，密封面应无径向划痕或损伤。
外头盖	1. 本体及密封面	1. 目测及测量检查外头盖完好情况，目测密封面有无影响密封的缺陷，如凸起、凹坑、划痕，密封面应无径向划痕或损伤。

2.3.3.2　板式换热器（以板框式换热器为例）

板式换热器隐蔽项目检查方法如表 4 所示。

表 4　板式换热器隐蔽项目检查方法

设备部位	检查项目	检查内容及标准
支承，立柱	1. 支承外形	1. 目测有无变形、裂纹等缺陷。
盖板	1. 本体	1. 检查盖板本体有无变形、腐蚀减薄、裂纹等缺陷；检查紧固螺栓有无松动、腐蚀、螺纹损坏等缺陷。
	2. 密封面	2. 目测有无影响密封的缺陷，如凸起、凹坑、划痕，密封面应无径向划痕或损伤。必要时可着色检查密封面缺陷。
密封圈	1. 本体	1. 检查密封圈外表面有无开裂、变形、缺损等缺陷。
垫片	1. 本体	1. 检查垫片是否有划痕、断裂等缺陷。
板片组	1. 槽形板、管箱	1.1 检查板片有无变形、穿孔、裂纹、腐蚀等缺陷（可用透光、着色检查方法，查出废板片）；检查板片表面有无结垢。
		1.2 组装板片，检查板片有无错边等缺陷；检查板片间密封垫有无变形、开裂等缺陷。
		1.3 检查管箱本体和密封面有无变形、腐蚀减薄、裂纹等缺陷。
	2. 板片组试压	2. 拆开板式换热器，清除表面上的污垢，擦干后将换热器重新组装起来。在一侧进行压力为 0.2~0.3MPa 的水压试验。观察另一侧板片的出水位置并做好标记，打开后检查未试压侧的板片，其中湿的板片则为损坏板片。
接管	1. 本体	1. 目测检查表面有无变形、腐蚀减薄、裂纹等缺陷；着色检查接管焊缝有无开裂、砂眼等。
	2. 接管法兰密封面	2. 目测有无影响密封的缺陷，如凸起、凹坑、划痕，密封面应无径向划痕或损伤。必要时可着色检查密封面缺陷。
螺栓	1. 本体	1. 目测、测量检查螺栓的腐蚀、螺纹损坏情况。紧固时采用螺栓定扭矩措施紧固。

2.3.4　处理措施

2.3.4.1　普通换热器

（1）换热管堵塞

采用高压水清洗，特殊情况下配合采用机械疏通或化学清洗。

（2）换热器管腐蚀泄漏

管子有破裂或腐蚀穿孔，可用堵头将此管堵住并加焊。同一管程内，堵死管子不应超过管子总数的 10%，如工艺要求允许，可以适当增加，否则应更换管束、材质升级及采取其他防腐措施。如管束管子与管板处有渗漏，可进行补胀或焊接，如采用补胀，补胀次数最多不超过 3 次，否则需换管子。将各缺陷处理后，重新升压，直到合格为止。

（3）换热器防腐层检查

根据管束使用周期，综合确定重新防腐或进行材质升级方案。

（4）浮头螺栓更换

视情况确定螺栓更换比例。

（5）水冷器防腐涂层修复

管束及管板涂层失效或脱落较多时需要重新防腐；出现过泄漏的水冷器需重新做冷涂处理。

2.3.4.2　板式换热器

（1）板片流道堵塞，表面结垢

可采用化学清洗、机械清洗、综合清洗等方法。化学清洗应遵循给定的方案并使用规定的清洁剂。清洗溶液必须向上流动，如果可能的话清洗溶液的流量应控制在 50% 的设计流量。机械清洗采用蒸汽或高压水进行清洗（水力冲洗的压力不得超过 50MPa）。

（2）板片和密封垫损坏

检查出来的废板片和垫片都要进行更换，重新组装后使用。更换废板片和损坏的密封垫后，组装后必须对每个通道进行压力试验，同时保持另一侧与周围大气压相通。试验压力按设备铭牌上的压力进行水压试验。对于每个通道的保压时间为 30min。

（3）面板缺陷修复

面板密封面小凹坑补焊后，打磨齐平；裂纹需打磨再补焊、打磨齐平。修复后的密封面着色检查合格。如面板和盖板损坏严重，则安排更换。

（4）螺栓更换

视情况确定螺栓更换比例。

（5）硫冷器

检查硫冷器进出口管道、入口管板保护衬里完好情况。

2.4 一般罐类容器

2.4.1 结构简图

一般罐类容器结构如图 10 所示。

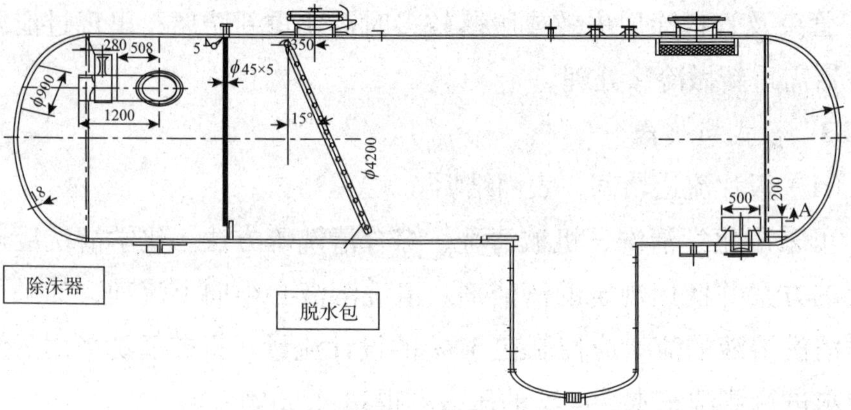

图 10　一般罐类容器结构简图

2.4.2 结构特点和失效机理

罐类容器一般包括回流罐、分液罐、硫封罐等，分为卧式和立式两种型式。该类罐结构简单，内构件少，检查及检修不复杂。其中容器失效机理主要是腐蚀，其中硫封罐中硫蒸气引起的高温硫腐蚀较为严重，因此壳体选用不锈钢材质，其他容器以低温 H_2S-H_2O 型腐蚀环境为主，腐蚀不严重，壳体材质一般选用碳钢。

2.4.3 隐蔽项目检查方法

一般罐类容器隐蔽项目检查方法如表5所示。

表5　一般罐类容器隐蔽项目检查方法

设备部位	检查项目	检查内容及标准
壳体	1. 宏观检查	1. 容器本体、对接焊缝、接管角焊缝等部位的裂纹、变形、泄漏等，焊缝表面（包括近缝区），以肉眼或5~10倍放大镜检查裂纹；内部加热盘管检查，内防腐检查。
	2. 测厚检查	2. 测厚壁厚大于安全壁厚，且与上次测量数据接近，重点检查部位如下： ①上、下封头分别在东、南、西、北四个方位距封头与筒体环缝约200mm起每隔200mm处测定；筒体距封头与筒体或筒节间环缝约40mm处分东、南、西、北四个方位测定。 ②接管短节分别在东、南、西、北四个方位距筒体约50mm处测定，同时测定接管弯头。 ③日常操作液位波动区域。 ④宏观检验查出的缺陷已进行打磨处。 ⑤发现严重腐蚀部位及冲刷凹陷处。
	3. 无损检测	3.1 超声波检查，检查是否存在内衬层剥离裂纹现象，重点检查部位如下：液位及界位上部位（无内衬一般需要检查）。对接焊缝可进行20%超声抽查。
		3.2 渗透检查裂纹情况，重点检查位置如下： ①吊耳焊缝、接管焊缝出口管弯头、主焊缝、裙座环焊缝、支座焊缝。 ②返修部位。 ③其他部位进行抽检检测。
	4. 材质检查	4. 硬度检测，对于容器最后一道筒体组对焊缝须选取四个方向分别对焊缝及两侧的母材、热影响区（共5个部位）进行硬度检测。其他需要进行材料检验的：选择温度、应力最高的2个部位进行硬度测定，硬度异常时需进行金相组织分析抽查。
	5. 引压点检查	5. 引压管畅通完好，重点关注液位计管口等。
	6. 容器内构件检查	6. 内构件不允许开裂、错位、磨损。加热盘管要进行试压。

续表

设备部位	检查项目	检查内容及标准
壳体	7. 安全附件、测量仪表等辅助安全设备检查	7. 相关安全附件、测量仪表拆检校验合格。
	8. 支座及基础检查。	8. 支座无变形、裂纹，基础板无腐蚀；基础无裂纹破损、下沉、歪斜；地脚螺栓无松动。
	9. 防火及保温等检查	9. 防火涂料完好，无剥落及裂化；保温无破损，外保护箍圈不松弛。
除沫器（部分有）	1. 松动情况检查	1. 检查大梁、压条、压板、支耳、支承板、支承环、封板、挡圈等连接螺栓有无松动。重点检查除沫网的整体固定情况，压板紧密压紧筛网。
	2. 连接间隙检查	2. 筛网无变形、无减薄变扁，厚度满足图纸要求；与容器壳体径向间隙无间隙，可用塞尺检查；网与网之间密封紧凑，无明显间隙；外缘与器闭密封可靠。
	3. 清洁度检查	3. 结垢物清洗干净，如有必要进行高压水清洗。
	4. 支承圈检查	4. 支承圈无裂纹、变形等情况，如有必要可进行渗透检测。
密封面	1. 检验情况	1. 密封面检查无裂纹，必要时进行渗透检测。
	2. 密封面清洁度检查	2. 法兰密封面光洁，无机械损伤、径向刻痕、严重锈蚀等缺陷，法兰孔及法兰清锈并吹扫干净。
	3. 安装要求	3. 高温螺栓需涂抹高温抗咬合剂，并按要求进行紧固安装。

2.4.4 处理措施及更换周期

检查项目一般以压力容器检验项目为主，检修中注意做好罐内清理、除沫器的检查更换、防冲板的检查修补、内部斜梯等构件的宏观检查、各接管特别是液位计等小的引出管的疏通等。

（1）裂纹处理：内、外表面不允许有裂纹。如果有裂纹，应当打磨消除，打磨后形成的凹坑在允许范围内；否则，应当补焊或者进行应力分析，经过补焊合格或者应力分析结果表明不影响安全使用的，可不处理。

（2）螺栓检查：螺栓一般拆检后需保存完好，必要时进行无损检测抽查；根据使用状况及抽检情况制定更换螺栓比例，更换新螺栓需对角更换。

（3）除沫网出现变形后间隙无法调整时需进行整体更换。

（4）出口收集器更换周期：出现变形后间隙无法调整时需进行整体更换。

（5）防涡流板出现腐蚀超标或焊缝开裂需进行修复或更换。

（6）非与壳体焊接的内部管道出现腐蚀或变形，可选取相同材质的管道按要求进行更换。

（7）密封面损坏，一般可进行研磨修复，严重损坏时需制定相关修复方案。

（8）辅助设备不合格需进行更换。

（9）基础问题按规定更换螺栓或进行基础等修复。

（10）防火防腐问题按相关防火及防腐规定修复。

2.5 焚烧炉

2.5.1 结构简图

硫黄装置的酸性气燃烧炉、尾气焚烧炉、废热锅炉等的结构分别如图 11~ 图 14 所示。

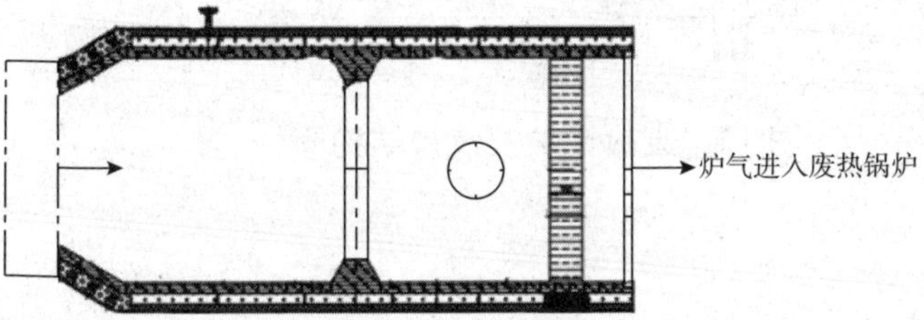

图 11 酸性气燃烧炉结构简图

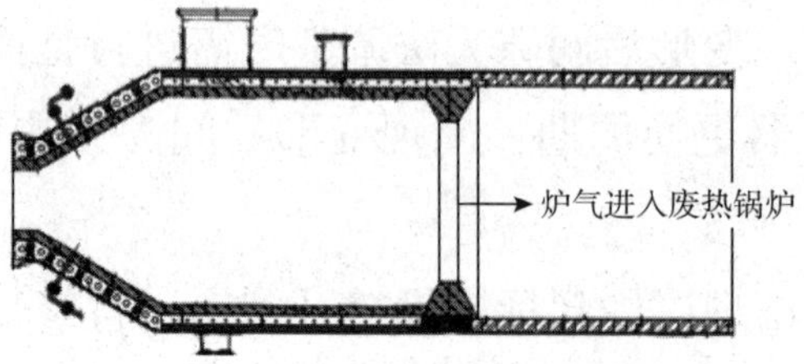

图 12　尾气焚烧炉结构简图

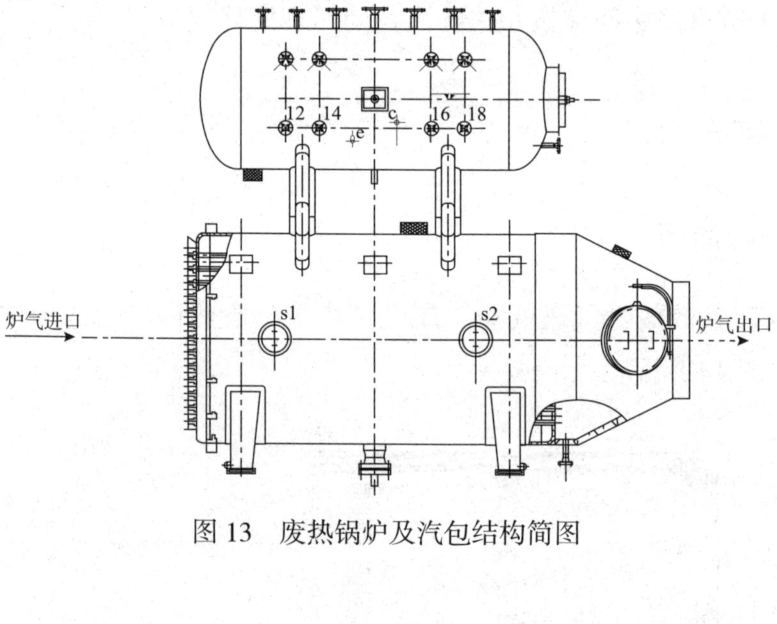

图 13　废热锅炉及汽包结构简图

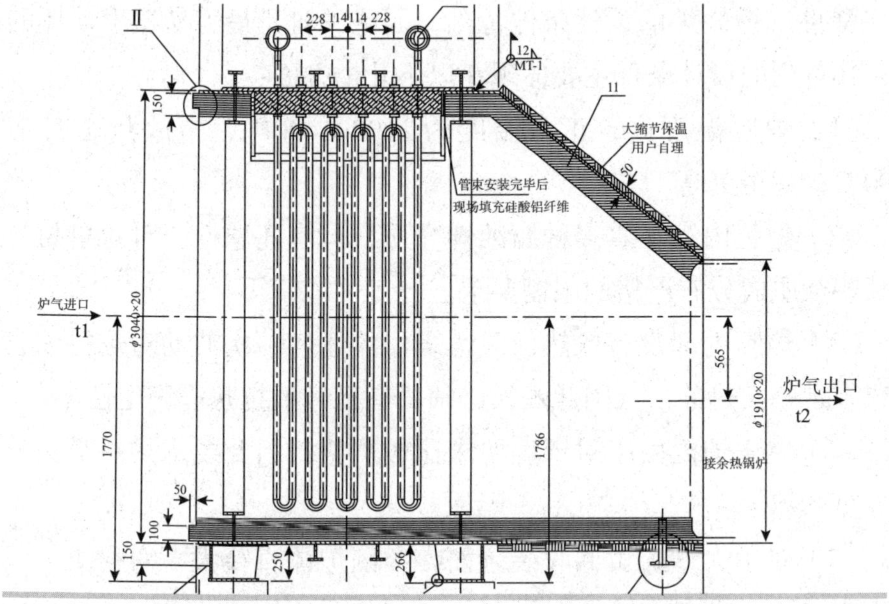

图 14　尾气焚烧炉后的蒸汽过热器结构简图

2.5.2　结构特点和失效机理

2.5.2.1　酸性气燃烧炉

酸性气燃烧炉是将酸性气与一定比例的空气混合，在炉内燃烧，使其在高温下发生化学反应生成 S 和 SO_2，并提供给后部反应所需热量的设备。一般采用卧式圆筒形结构，酸性气和空气混合后进入酸性气燃烧炉烧嘴，在酸性气燃烧炉内发生化学反应并生成单质硫，少量酸性气进入反应炉中部，因此反应炉内设置节流环将炉内空间分割为 1 区和 2 区两个区域。生成的过程气经废热锅炉发生蒸汽后冷却进入一级硫冷凝器。酸性气燃烧炉内一般设有一道带方格的花墙，花墙的作用是使经燃烧器喷出的气体通过花墙混合得更均匀，燃烧更充分，花墙一般设于炉膛中部。炉体前端装有气体燃烧器，炉体前端与燃烧器平行和垂直方向装有密闭式看窗。卧式炉采用马鞍形支座，一端为固定支座，另一端为滑动支座。

酸性气燃烧炉的设计条件苛刻，因此炉衬是最容易发生损坏的部位，其苛刻的设计条件主要体现在以下几个方面：

（1）炉膛温度高，正常温度为1100~1400℃，事故状态时达到1600℃，甚至更高。

（2）炉膛内存在着多种腐蚀性介质，具有还原性，对衬里材料中的某些杂质成分有严格的限制要求。

（3）炉膛内部没有取热面，燃烧器的任何一次波动对炉衬而言都意味着是一次热冲击，因此炉衬必须具有良好的抗热震稳定性。

（4）燃烧炉内由于对壁温要求比较严格，因此要求炉衬具有稳定的导热系数。

（5）对于大型硫黄回收装置而言，因炉体直径大，对衬里的高温强度要求更为严格。

目前一般燃烧炉衬里共分三层结构：第一层是迎火层（耐火层），采用特制刚玉莫来石大砖；第二层为耐温较好的中轻质耐火浇注料，叫耐火隔热层；第三层为具有较高强度的轻质隔热浇注料。为防止发生低温露点腐蚀和高温硫化物腐蚀，反应炉的外壁温度设计值控制在170~300℃。炉外设置防护罩可避免烫伤操作人员以及雨雪天气造成炉体外壁的急冷现象。

2.5.2.2　尾气焚烧炉

尾气焚烧炉采用卧式圆筒形结构，尾气焚烧炉的作用是借助燃料气燃烧所产生的高温，将多种废气、尾气中的H_2S焚烧，焚烧后的高温尾气经随后的蒸汽过热器取热产生过热蒸汽，再经尾气余热锅炉取热发生蒸汽，冷却后的尾气达到规定的排放要求，从烟囱进行排放。

尾气焚烧炉的结构特点和损伤机理同酸性气燃烧炉相同。

2.5.2.3　废热锅炉

废热锅炉是以生产过程的工艺气、尾气的余热为热源，产生蒸汽，有效地回收余热的设备，其特点是：

（1）废热锅炉主体设备可以看作是一台高温高压的热交换器，所以废热锅炉是一个锅炉系统的水的循环，大多都有带汽包的系统整体。

（2）在高温气体入口部位，由于高温、高速气体的热冲击，引起设备结构产生热应力、热疲劳和高温腐蚀，容易导致构件的破坏。通常在这一部位增设热防护装置，以降低这一部分的温度。

（3）具有压降低的性能。废热锅炉必须保证工艺气通过，并使压降在工艺参数标准之内，否则，阻力增大，消耗了能源。

（4）废热锅炉结构紧凑，在密封性能、材质要求上都比较严格。石油化工装置连续生产性比较强，废热锅炉运行条件苛刻，各受压部件长期在高温高压下运行，极易发生泄漏和其他事故，一旦锅炉停车会造成全系统停车。废热锅炉在石油化工装置的安全稳定长周期的运行也决定着全化工系统的稳定生产，是十分关键的设备，同时还必须具有耐高温、耐高温下腐蚀、结构简单、维修方便的特点。

2.5.2.4　汽包

汽包是自然循环废热锅炉系统的一个重要组成部分。它是一个汇集炉水及饱和蒸汽的圆筒形受压容器。其功用在于它具有一定的水容积和一定大小的蒸汽容积，使锅炉水循环得以顺利进行，稳定操作运行，并能获得品质合格的蒸汽，这也是废热锅炉区别于一般换热器的特点之一。

一般汽包外部装设有蒸汽引出管、阀门、水位计、压力表、温度计及其安全装置等，内部则设有分离装置、给水、加药、排污、取样等设施。对蒸汽品质有影响并且起主要作用的是汽包的内部结构。

汽包结构通常是大同小异的，但由于化工工艺过程的不同，产生的蒸汽温度、压力等级不同，其装置形式也有所不同。有的独立设置，靠下降管和上升管与汽包构成锅炉水的自然循环系统；有的和锅炉置于一体，蒸发室与汽包直接连通；有的虽然没有专门设置的汽包，但在废热锅炉壳体上方设有水、汽分离装置。汽包内部的汽水分离元件的选择是根据锅炉参数、给水条件和结构特点而确定的。国内常用的一次汽水分离元件有旋风分离器、入口挡板、立式节流板和水下孔板；二次汽水分离元件有波形板分离器、均汽板和钢丝网等。

2.5.3　隐蔽项目检查方法

焚烧炉隐蔽项目检查方法如表6所示。

表6　焚烧炉隐蔽项目检查方法

设备部位	检查项目	检查方法及标准
壳体	1. 壳体宏观检查、无损检测	1.1 宏观检查壳体、接管、法兰、废热锅炉或烟道连接处过热变形或焊缝开裂情况。
		1.2 对硬度进行抽查。
		1.3 按锅炉检验进行无损检测。
炉膛	1. 衬里及膨胀缝	1.1 宏观目视检查炉膛衬里、膨胀缝填充料，无损坏情况。
		1.2 检查锚固件的氧化、变形、腐蚀损坏情况。
		1.3 检查花墙耐火砖损坏变形情况。
附件	1. 防爆膜检查	1. 宏观目视检查防爆膜无损坏。
	2. 人孔门检查	2. 宏观目视检查人孔门无变形、泄漏情况。
	3. 检查相关仪表	3. 检查热偶陶瓷套管是否开裂损坏、伸长是否合适。
废热锅炉		目视检查废热锅炉管板衬里无损坏脱落。
外防腐、变色漆及防雨罩	1. 外防腐、变色漆及防雨罩检查	1.1 检查炉体外防腐涂料，无脱落，有变色漆的检查超温变色情况。
		1.2 检查炉体防雨罩，无过热变形、无损坏脱落情况。
		1.3 检查炉体附属钢结构和附属管线的腐蚀和保温、油漆损坏情况。

2.5.4　处理措施

（1）壳体按 SHS 01011《钢制常压容器维护检修规程》执行。

（2）砖墙修复：耐火砖表面缺陷及形状允许偏差见表7，经雨浸的耐火砖不得使用。

表 7　耐火砖表面缺陷及形状允许偏差　　　　mm

<table>
<tr><td colspan="2">尺寸</td><td colspan="2">尺寸</td><td rowspan="3">缺角深度</td><td rowspan="3">熔洞直径</td><td>宽度</td><td>宽度</td><td>宽度</td></tr>
<tr><td>≤ 100</td><td>101~400</td><td>≤ 250</td><td>250~400</td><td>≤0.5</td><td>0.5~1</td><td>>1</td></tr>
<tr><td colspan="2">尺寸允许偏差</td><td colspan="2">扭曲</td><td colspan="3">裂纹长度</td></tr>
<tr><td>±2</td><td>±3</td><td>2</td><td>3</td><td>≯ 7</td><td>≯ 5</td><td>≯ 40</td><td>轻质砖 <30，刚玉砖、黏土砖不许有</td><td>不许有</td></tr>
</table>

（3）耐热、隔热衬里的修补或更换：

①衬里表面如有宽度大于 5mm、深度大于衬里厚度 1/2 的裂纹，或有贯穿性网状裂纹时，应进行修补或更换，材料按原设计或采用气硬性材料。

②水泥与骨料应搅拌均匀，搅拌好的混合料应在初凝前使用。

③按产品说明书或相关规范严格控制水质和水灰比。

④衬里局部修补时，必须将修补部位的衬里凿到坚实表面或金属表面，并至少露出 2 个以上锚固钉，结合处应外小内大，并清理干净，用水充分湿润；衬里整体更换时，必须将炉壁表面的油污、铁锈及其他附着物清理干净。捣制或喷涂必须连续施工。

⑤捣制或喷涂完的衬里应密实，厚度均匀，无孔洞，表面平整，但不得压光。厚度误差不得大于 5mm。

⑥衬里施工完成后进行养护，并符合 SH/T 3115《石油化工管式炉轻质浇注料衬里工程技术条件》和设计文件的要求。

2.6　燃烧器

2.6.1　结构简图

燃烧器结构如图 15 所示。

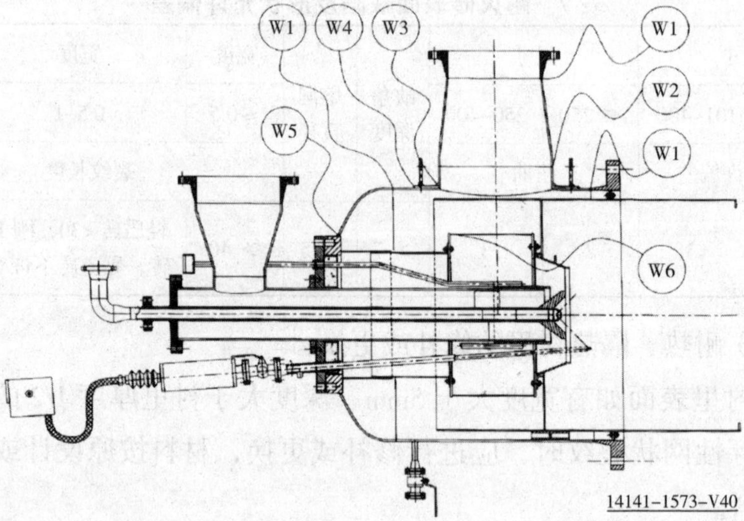

图 15 燃烧器结构简图

2.6.2 结构特点和失效机理

硫黄装置酸性气燃烧炉和尾气焚烧炉炉内气体燃烧是通过燃烧器来完成的，燃烧器是 Claus 硫黄回收装置的核心部件。由于硫黄回收工艺过程气具有高含硫、处理难度大、安全性能要求极高的特点，因此要求燃烧器能实现自动点火并设火焰监测器和燃烧控制系统、熄火保护系统等用以监测操作运行状况。其性能好坏，直接影响炉子的处理能力和炉子效率。酸性气中烃含量过高，容易造成燃烧器烧嘴损坏。

性能优良的燃烧器应该具备以下特点：使气体充分混合达到反应平衡，使原料气的杂质 NH_3、烃类完全燃烧，没有过剩氧。

2.6.3 隐蔽项目检查方法

燃烧器隐蔽项目检查方法如表 8 所示。

表 8　燃烧器隐蔽项目检查方法

设备部位	检查项目	检查内容及标准
壳体	1. 壳体宏观检查	1.1 宏观检查壳体是否有开裂、变形情况。
		1.2 检查耐火砖衬里的损坏情况。
附件	1. 燃烧器检查	1. 宏观目视检查酸性气喷嘴、燃料气喷嘴、点火器喷嘴、火焰监测器探头、风道分配器烧损情况。
	2. 监测设施及仪表控制系统	2.1 检查自动仪表是否控制准确、灵敏好用。
		2.2 检查仪表引出点通畅无堵塞。
	3. 其他附件检查	3.1 检查酸性气、尾气、燃料气、仪表风等管线及阀门的腐蚀堵塞、泄漏或卡死等情况。
		3.2 检查视镜、调风器情况。

2.6.4　处理措施

（1）裂纹处理：表面不允许有裂纹，如果有裂纹，应当打磨消除。

（2）隔热衬里缺陷修复，按 SH/T 3115《石油化工管式炉轻质浇注料衬里工程技术条件》和设计文件的要求。

（3）内构件更换周期：易损件发现损坏后进行更换；非易损件（如热电偶等）需进行评估后进行更换或修复。

（4）更换不合格压力表及辅助设备。

（5）按相关防火及防腐规定修复。

2.7　液硫池

2.7.1　结构简图

液硫池结构如图 16 所示。

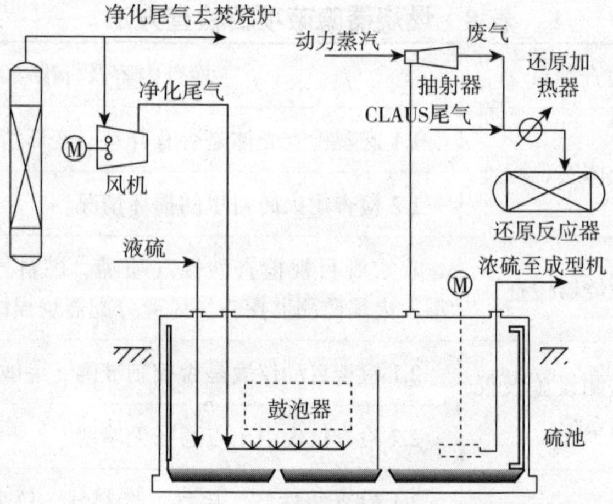

图 16　液硫池简图

2.7.2　结构特点和失效机理

液硫池是重要的储存设施，主要用来接收和缓冲上游的液体硫黄，经过一定时间的停留脱气后，作为产品给成型单元提供原料或直接装车出厂。由于液硫储存输送温度为 135℃左右，且具有一定腐蚀性，需要存储设施具有一定保温和耐酸腐蚀功能，因此利用土体保温做成地下液硫池是目前常用作法。液硫池通常由三个区组成，分别为第一脱气区、第二脱气区和产品区，这三个区分别由隔墙隔开，整个池底沿第一脱气区向产品区方向有 1% 的坡度。由于介质耐温和酸腐蚀的特殊性，液硫池的池壁和隔墙均采用三层结构，分别为外混凝土层、保温隔热层和防腐层。外混凝土层为普通硅酸盐混凝土，保温隔热层选用导热系数低的轻型隔热材料，防腐层采用能承受高温酸性腐蚀材料，通常采用耐酸砖。顶部盖板为碱性水泥钢筋混凝土结构。池内附件还包括蒸汽加热盘管、鼓泡器、连通阀等。

液硫中元素硫、硫化氢、硫醇等统称为活性硫，活性硫对金属有较高的腐蚀性。内壁发生的腐蚀主要有高温硫腐蚀和低温湿硫化氢腐蚀，酸性高温情况下，硫蒸气与铁迅速反应生成硫铁化合物，导致腐蚀。腐蚀部位有池顶混凝土腐蚀，池壁耐酸层损坏后会腐蚀混凝土结构，内件的鼓泡器、蒸汽盘管腐蚀。通常选用不锈钢材质减少腐蚀问题。

2.7.3 隐蔽项目检查方法

液硫池隐蔽项目检查方法如表 9 所示。

表 9 液硫池隐蔽项目检查方法

设备部位	检查项目	检查内容及标准
液硫池盖板	1. 内外表面宏观检查	1.1 目测检查盖板无损坏，钢筋无裸露。
		1.2 目测检查裸露钢筋腐蚀情况。
		1.3 目测检查盖板吊点腐蚀情况。
加热盘管及鼓泡器等内部设施	1. 宏观检查表面腐蚀情况	1. 目测表面无腐蚀、无开裂。
	2. 测厚检查	2. 测厚检查加热盘管、鼓泡器及夹套管线无减薄。
	3. 盘管打压检查	3. 打水压无泄漏，保压正常无掉压。
池内壁耐酸层	1. 目测检查水泥及耐酸砖损坏情况	1. 目测检查水泥、耐酸砖有无开裂、破损。用检查锤敲击检查池内壁、池底耐酸层有无离鼓。
其他附件	1. 仪表	1. 目测完好无腐蚀。
	2. 阀门	2. 目视外观无锈蚀，开关灵活，关闭严密。

2.7.4 处理措施

（1）耐酸砖缺陷可参照 SHS 02027《硫黄焚烧炉维护检修规程》处理。

（2）盘管和鼓泡器夹套管等内件缺陷必须维修完好，腐蚀严重时应进行整体更换。

（3）非易损件（如热电偶等）需进行评估后进行更换或修复。

（4）更换不合格压力表及辅助设备。

（5）按相关防腐规定修复。

2.8 液硫储罐

2.8.1 结构简图

液硫储罐结构如图 17 所示。

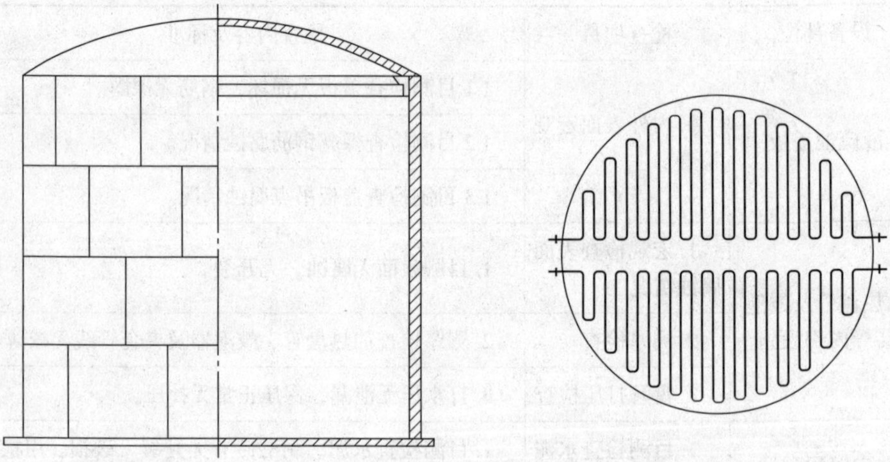

图 17 液硫储罐结构简图

2.8.2 结构特点和失效机理

液硫储罐是硫黄回收装置产品的存储设施，通常采用立式圆筒形钢制储罐，设计一般为拱顶罐，工作温度为 130~145℃。罐顶设置有通气孔、消防蒸汽口、液位计和透光孔等附件。为防止液硫和硫蒸气在储罐内凝固，罐壁和罐顶均设有保温层，并且罐底、罐壁和罐顶分别设置有蒸汽加热管。液硫中溶有一定量的硫化氢，然后在气相中聚集，硫蒸气、液硫中析出的 H_2S 和罐顶通气孔、通气管及阀门处空气和水的侵入作用，都可对金属罐壁造成严重腐蚀，而且极易发生 FeS 自燃。

2.8.3 隐蔽项目检查方法

液硫储罐隐蔽项目检查方法如表 10 所示。

表 10 液硫储罐隐蔽项目检查方法

设备部位	检查项目	检查内容及标准
罐体	1. 宏观检查	1. 目视检查罐体无腐蚀、变形、泄漏情况。
	2. 检测腐蚀减薄	2.1 超声测厚检查，检测罐顶、罐壁和罐底有无减薄。
		2.2 罐底漏磁检测。
	3. 检查罐顶龙骨	3. 目视检查有无腐蚀变形情况。
	4. 检测焊缝	4. 磁粉或着色检查壁板焊缝，按照常压储罐检验规定比例进行检测。
	5. 罐底外边缘板腐蚀	5. 目视检查有无腐蚀情况。
附件	1. 宏观检查通气孔、透光孔	1.1 目视检查无腐蚀无硫黄堵塞。
		1.2 测厚检查有无减薄。
	2. 罐连接阀门和接管法兰、螺栓	2. 目视检查有无腐蚀。
加热盘管检查	1. 宏观表面检查	1. 目视检查无腐蚀泄漏。
	2. 无损检测	2. 超声测厚无腐蚀减薄。
	3. 打压检查	3. 打水压无泄漏，保压正常无掉压。

2.8.4 处理措施

（1）罐体裂纹、腐蚀缺陷按照 SHS 01013《常压立式圆筒形钢制焊接储罐维护检修规程》标准处理。

（2）螺栓检查：螺栓一般拆检后需保存完好，视检查情况更换。

（3）盘管视检查检测情况更换或修复。

（4）更换不合格压力表及辅助设备。

（5）按规定进行基础修复。

（6）按相关防火及防腐规定修复。

2.9 风机

2.9.1 结构简图

风机结构如图 18 所示。

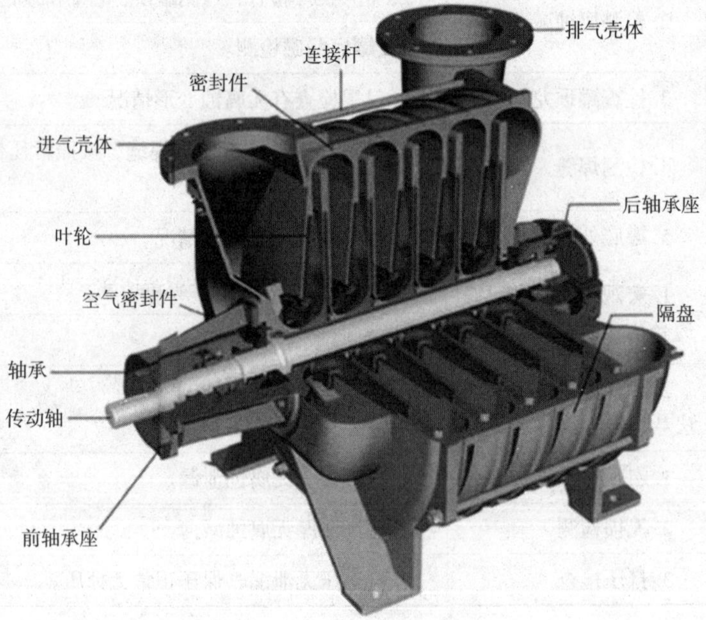

图 18　离心式鼓风机结构简图

2.9.2 结构特点和失效机理

硫黄装置燃烧炉风机主要使用离心式鼓风机，由转子组件、壳体、密封、轴承和润滑系统组成，转子组件包括叶轮、主轴、轴套、联轴器等。

机壳包括吸入室、级间隔板（扩压器）、排气蜗壳。机壳可分水平剖分与垂直剖分两种型式，水平剖分用于低压。级间隔板结构包括扩压器、弯道与回流器三部分。扩压器的作用是将气体动能转化为压力能；弯道将气体从扩压器引向回流器；回流器是将气体均匀地导向下一级叶轮。扩压器常用的型式有无叶扩压器和叶片扩压器两种。无叶扩压器是由两个平行器构成等宽度的环形通道组成，即由机壳的平行隔板所构成。如在无叶扩压器的环形通道中沿圆周装有均匀分布的叶片，便成为了叶片扩压器，在石化企业中应用较广。叶片扩压器所用的叶片数和叶轮不应成为整倍数的关系，以免引起共振。

鼓风机所使用的级间密封多为迷宫式密封或填料密封，轴端密封多为O形环密封和涨圈式密封。

离心式鼓风机的润滑系统一般采用恒油位自流式润滑，其形式很多，包括注油杯、注油枪等，但对于大型高速风机，则采用油泵、油箱、过滤器、冷却器等润滑油系统。

由于机组中轴承、密封、联轴器为易损件，易造成轴承故障、密封泄漏、机身振动、动静摩擦等故障，需注意机组日常轴承润滑、测温、测振、润滑系统漏点检查与消除等巡检工作，长周期运行易出现入口过滤器堵塞、叶轮结垢或锈蚀等现象。

2.9.3 隐蔽项目检查方法

风机隐蔽项目检查方法如表11所示。

表11 风机隐蔽项目检查方法

设备部位	检查项目	检查内容及标准
地脚螺栓	1. 地脚螺栓紧固情况	1. 检查底座地脚螺栓，应无松动。
机壳	1. 外观检查	1.1 机壳应无裂纹、气孔，壳内清洁，各进排气孔、排凝孔畅通。机壳水平剖分面应平整无伤痕，自由间隙不大于0.05mm。
		1.2 膨胀螺栓其间隙要求值应符合要求。
		1.3 壳体水平度剖分面纵向水平度允许偏差为0.05mm/m，横向允许偏差为0.10mm/m。

续表

<table>
<tr><th>设备部位</th><th>检查项目</th><th>检查内容及标准</th></tr>
<tr><td rowspan="4">转子</td><td>1. 外观检查</td><td>1. 转子表面应光洁、无裂纹，转子上零件无松动，叶轮应无裂纹及腐蚀等缺陷，流道内无异物。</td></tr>
<tr><td>2. 轴颈圆度、圆柱度</td><td>2. 轴颈圆度、圆柱度允许偏差为 0.04mm。</td></tr>
<tr><td>3. 质量要求</td><td>3. 转子各部跳动允许值满足下表要求。
<table>
<tr><th colspan="6">转子各部跳动允许值 /mm（D 为叶轮外圆直径）</th></tr>
<tr><th>测量部位</th><th>跳动类别</th><th>允许值</th><th>测量部位</th><th>跳动类别</th><th>允许值</th></tr>
<tr><td>叶轮外圆</td><td>圆跳动</td><td>$0.07\sqrt{D}$</td><td>叶轮外圆两侧</td><td>全跳动</td><td>$0.01\sqrt{D}$</td></tr>
<tr><td>主轴的轴承颈</td><td>圆跳动</td><td>0.02</td><td>联轴器外圆</td><td>全跳动</td><td>0.05</td></tr>
<tr><td>联轴器外圆</td><td>圆跳动</td><td>0.05</td><td>推力盘的推力片</td><td>全跳动</td><td>0.02</td></tr>
</table></td></tr>
<tr><td>4. 动平衡</td><td>4. 转子动平衡的精度按制造厂规定执行，若无规定，其精度等级应不低于 G2.5。</td></tr>
<tr><td>主轴</td><td>1. 质量要求</td><td>1. 主轴应进行着色检查，其表面光滑、无裂纹、锈蚀及麻点，其他处不应有机械损伤和缺陷。</td></tr>
<tr><td>轴颈</td><td>1. 质量要求</td><td>1. 轴颈划痕、拉毛或腐蚀应进行修复。轴颈表面粗糙度为 R_a0.8。
<table>
<tr><th colspan="5">主轴颈圆柱度公差 /mm</th></tr>
<tr><td>轴颈直径</td><td>≤ 150</td><td>150~175</td><td>175~200</td><td>200~225</td></tr>
<tr><td>圆柱度公差</td><td>0.02</td><td>0.025</td><td>0.03</td><td>0.04</td></tr>
</table>
<table>
<tr><th colspan="4">主轴直线度公差 /mm</th></tr>
<tr><th>风机转数 /（r/min）</th><th>直线度公差值</th><th>风机转数 /（r/min）</th><th>直线度公差值</th></tr>
<tr><td>≤ 500</td><td>0.10</td><td>≥ 1500~3000</td><td>0.05</td></tr>
<tr><td>500~1500</td><td>0.07</td><td></td><td></td></tr>
</table></td></tr>
</table>

续表

<table>
<tr><th>设备部位</th><th>检查项目</th><th>检查内容及标准</th></tr>
<tr><td rowspan="3">轴承箱</td><td rowspan="3">1. 质量要求</td><td>1.1 配合表面：轴承箱水平剖分面应平整无伤痕，自由状态下间隙不大于 0.05mm，检查任何一处配合面，塞尺塞入深度不得大于 20mm。</td></tr>
<tr><td>1.2 油孔、油道：各油孔、油道应畅通，连接法兰面应无径向划伤。</td></tr>
<tr><td>1.3 内表面涂料应无缺损、起皮。</td></tr>
<tr><td rowspan="3">轴承</td><td rowspan="3">1. 质量要求</td><td>1.1 滚动轴承的轴承体与滚道表面应无腐蚀、斑痕，保持架应无变形、裂纹等缺陷。</td></tr>
<tr><td>1.2 轴同时承受轴向和径向载荷的滚动轴承配合为 H7/js6，轴与仅承受径向载荷的滚动轴承配合为 H7/k6，轴承外圈与轴承孔配合为 Js7/h6。</td></tr>
<tr><td>1.3 轴向止推滚动轴承外圈与压盖轴向间隙为 0.02~0.10mm。
1.4 自由端轴承外圈与压盖的轴向间隙应大于轴的热伸长量。
<table>
<tr><th colspan="4">轴热态伸长量</th></tr>
<tr><td>温度 /℃</td><td>0~100</td><td>100~200</td><td>200~300</td></tr>
<tr><td>每米轴承的延伸量 /mm</td><td>1.20</td><td>2.51</td><td>3.92</td></tr>
</table></td></tr>
<tr><td rowspan="4">密封</td><td rowspan="4">1. 质量要求</td><td>1.1 叶轮前盖板与壳体密封环径向半径间隙为 0.35~0.50mm，叶轮进口圈与壳体的端面和径向间隙不得超过 12mm。</td></tr>
<tr><td>1.2 轴封采用毡封时只允许一个接头，接头的位置应放在顶部。</td></tr>
<tr><td>1.3 机壳密封盖与轴的每侧间隙一般不超过 1~2mm。</td></tr>
<tr><td>1.4 轴封采用胀圈式或迷宫式，其密封间隙应符合下表要求。
<table>
<tr><th colspan="3">轴封间隙极限值 /mm</th></tr>
<tr><td rowspan="2">密封间隙</td><td colspan="2">密封每侧间隙</td></tr>
<tr><td>安装值</td><td>极限值</td></tr>
<tr><td>滑动轴承箱内的密封</td><td>0.15~0.25</td><td>0.35</td></tr>
<tr><td>机壳内的密封</td><td>0.20~0.40</td><td>0.50</td></tr>
</table></td></tr>
<tr><td rowspan="4">联轴器</td><td rowspan="4">1. 质量要求</td><td>1.1　联轴器与轴配合为 H7/js6。</td></tr>
<tr><td>1.2　联轴器螺栓与弹性圈配合应无间隙，并有一定紧力，弹性圈外径与孔配合应有 0.5~1.0mm 间隙，螺栓应有弹簧垫或止推垫片锁紧。</td></tr>
<tr><td>1.3 弹性柱销联轴器两端面间隙为 2~6mm。</td></tr>
<tr><td>1.4 对中检查时，调整垫片每组不得超过 4 块。</td></tr>
</table>

续表

<table>
<tr><th>设备部位</th><th>检查项目</th><th colspan="3">检查内容及标准</th></tr>
<tr><td rowspan="6">联轴器</td><td rowspan="6">1. 质量要求</td><td colspan="3">机组对中允许值 /mm</td></tr>
<tr><td>联轴器型式</td><td>外圆径向</td><td>端面</td></tr>
<tr><td>弹性柱销式</td><td>0.08</td><td>0.06</td></tr>
<tr><td>刚性</td><td>0.06</td><td>0.04</td></tr>
<tr><td>膜片式</td><td>0.10</td><td>0.08</td></tr>
<tr><td colspan="3">1.5 膜片联轴器：
①安装半联轴器时，将半联轴器预热到 120℃，安装后需保证轴端比半联轴器端面低 0~0.5mm。
②联轴器短节及两个膜片组长度之和，与两个半联轴器端面距离比较，差值为 0~0.4mm，同时应考虑轴伸长量的影响，膜片安装后无扭曲现象。
③膜片传扭矩螺栓需采用扭矩扳手上紧至规定扭矩。
④用着色探伤的方法检测膜片连接螺栓，发现缺陷及时更换。</td></tr>
<tr><td rowspan="2">叶轮</td><td rowspan="2">1. 质量要求</td><td colspan="3">1.1 着色检查叶轮无裂纹、变形等缺陷。</td></tr>
<tr><td colspan="3">1.2 叶轮的叶片转盘不应有明显减薄。</td></tr>
</table>

2.9.4 处理措施

（1）按 SHS 01022《离心式风机维护检修规程》进行定期维修。

（2）风机测振按照SHS 01003《石油化工旋转机械振动标准》执行。

（3）强制润滑系统的风机应定期检查齿轮泵运行状况、冷却器效果。

（4）定期清理或更换入口过滤器，风机大修时注意叶轮结垢或锈蚀的清理，以及转子动平衡的检查。

（5）更换轴承、密封、联轴器等易损件，不合格压力表及辅助设备。

（6）按规定进行基础修复。

2.10 成型机

2.10.1 结构简图

成型机结构如图 19 所示。

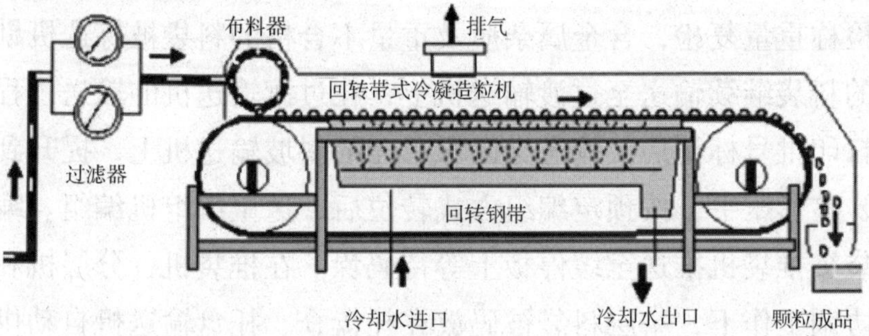

图 19 成型机结构简图

2.10.2 结构特点和失效机理

固硫成型机采用回转带式冷凝造粒机，在泵的作用下，经过过滤器去掉杂质后，被连续均匀地送入造粒机的布料机构。在布料机构的作用下，熔融状物料被连续均匀地滴落在其下匀速移动的钢带上。在钢带的背面喷淋冷却水，对其上的物料进行冷却。滴落在钢带上的物料边移动，边被冷却固化，最终形成半球状（或条状或片状）的颗粒。固化后的颗粒由与冷却钢带相接的刮料板刮下，通过输送机送到下料仓，再送入全自动定量包装码垛生产线，进行自动称重、上袋、装袋、缝袋、码垛等，将成袋的粒状硫黄码放在托盘上，然后用叉车运送到仓库码垛堆放，袋装产品硫黄由火车或汽车运送出厂。

造粒机主要由下述六个部分组成：①定子；②外转筒；③分布器；④轴承装置；⑤支承机构；⑥ 旋转进料器。

硫黄包装设备主要包括以下几个单元（以全自动称重包装码垛生产线为例）：称重单元、包装单元、输送检测单元、码垛单元、除尘系统和真空及气动系统等。

人工将包装袋放置在供袋机的供袋盘上，供袋机自动取袋、送袋，装袋机自动取袋、开袋。物料靠重力由储料仓进入电子定量称进行全自动称重，称重后的物料落入包装袋中，装有物料的包装袋自动脱落在立袋输送机上输送，经夹口整形、折边、缝口工序后，再经电子复检称重量复检，含金属杂质及重量不合格的料袋被拣选机剔除，合格的料袋继续输送至过渡输送机上，在过渡输送机的输送过程中，进行打印批号标记后，输送至码垛单元的斜坡输送机上，提升到码垛高度，整形压平，按预定编组方式转位后，送至编组机编组。编组后的料袋被推袋机推送至缓停板上等待码垛。在推袋机、分层机和升降机的协调工作下，一层料袋被码放在托盘仓、托盘输送机自动供应的托盘上，直到规定层数为止。满垛由托盘输送机送出，由叉车下线入库。本生产线设有除尘系统，可吸除称重及包装过程中的粉尘。

2.10.3 隐蔽项目检查方法

成型机隐蔽项目检查方法如表 12 所示。

表 12 成型机隐蔽项目检查方法

设备部位	检查项目	检查内容及标准
钢带	1. 钢带检查	1.1 表面无明显划痕、变形、开裂。
		1.2 运转过程中不抖动、跑偏。
		1.3 生产过程中内外表面不带水，钢带表面不粘料。
		1.4 调整钢带张紧度。
布料器	1. 布料器检查	1.1 外筒体不变形弯曲。
		1.2 筒体内无拉伤划痕。
		1.3 布料器的滑块无扭曲、滑块弧面无拉伤划痕。
		1.4 滑块喷嘴无变形、堵塞。
		1.5 滑块密封垫完好无变形失效。
		1.6 滑块弹簧无变形失效。
		1.7 布料器轴承、密封完好。
		1.8 布料器传动链条链轮无缺陷、卡涩。
		1.9 布料器刮料板无明显磨损、开裂等缺陷。

续表

设备部位	检查项目	检查内容及标准
脱膜液辊子	1. 刮板检查	1.1 刮板无明显磨损、变形、开裂等缺陷。
		1.2 涂抹辊滑动导轨无锈蚀磨损。
		1.3 涂抹辊轴承完好并注润滑脂。
水箱	1. 冷却水系统检查	1.1 进出水管线无腐蚀、堵塞。
		1.2 冷却水喷头无损坏和缺失。
		1.3 接水盒完好，刮水胶皮无脱落损坏，毛刷无损坏和缺失。
		1.4 泄水孔无堵塞。

2.10.4 处理措施

（1）机器的轴承装置（维修端与驱动端）、链条、丝杆等运动件，需定期加油、轴承润滑、传动链条和转动部件缺陷维修。

（2）密封泄漏超标及时更换。

（3）调整钢带跑偏度和松紧度，钢带表面缺陷修复。

（4）清洗喷头及调整喷嘴出水角度。

（5）各部件螺栓紧固。

2.11 烟囱

2.11.1 结构简图

烟囱结构如图 20 所示。

2.11.2 结构特点和失效机理

目前硫黄尾气烟囱多为钢筋混凝土结构，筒壁内衬设计采用轻质耐酸砖及耐酸胶泥。烟囱烟气入口温度为 230~240℃，烟气主要成分为 H_2S、SO_2、硫蒸气、水蒸气以及空气，其冷凝的露点形成酸性腐蚀是造成烟囱失效的主要原因。当耐酸衬里出现缺陷，含酸烟气会渗透到钢筋和混凝土中，形成 H_2SO_4 从而腐蚀钢筋和混凝土。烟囱顶部烟气更容易冷凝，因此也是腐蚀较为严重的部位。

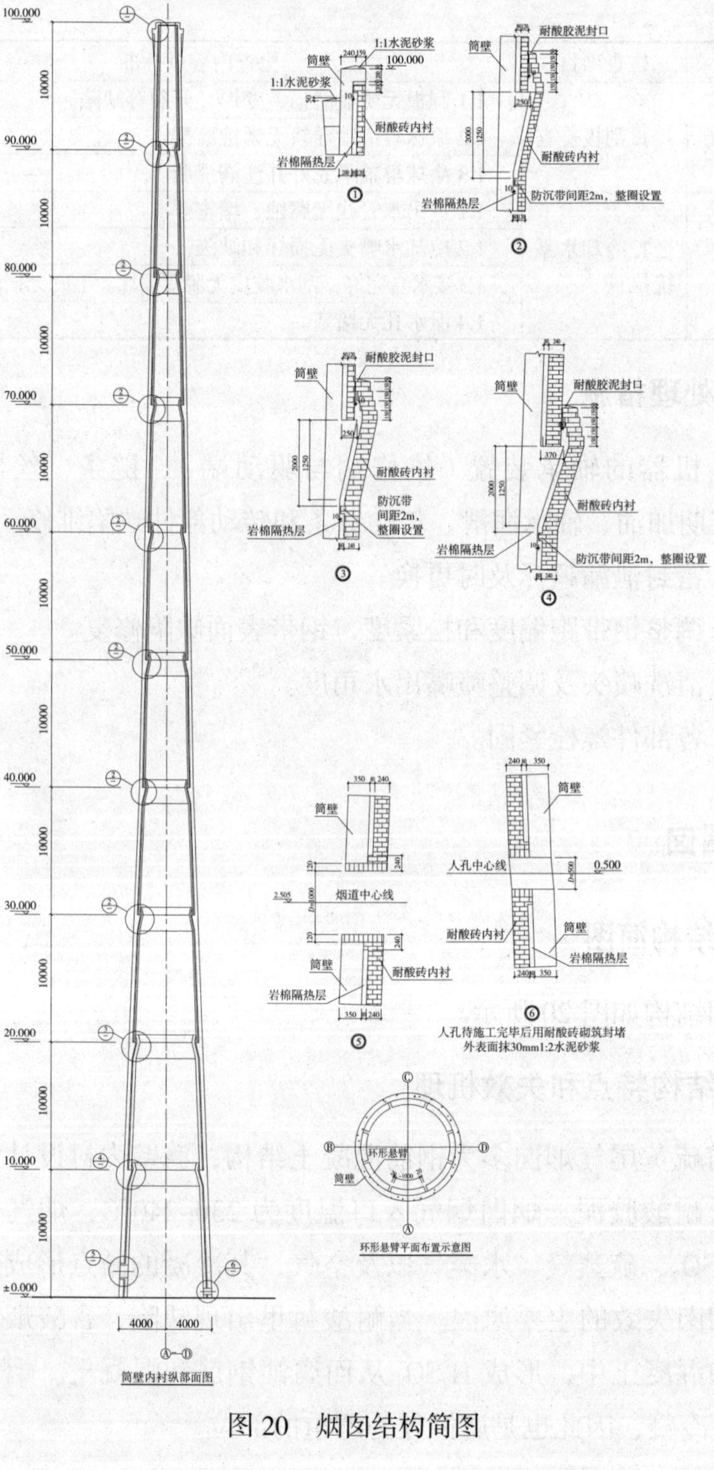
100.000
90.000
80.000
70.000
60.000
50.000
40.000
30.000
20.000
10.000
±0.000
10000
4000
4000
筒壁内衬纵部面图
1:1水泥砂浆
筒壁
1:1水泥砂浆
耐酸砖内衬
岩棉隔热层
耐酸胶泥封口
防沉带间距2m，整圈设置
防沉带
间距2m，
整圈设置
烟道中心线
人孔中心线
人孔待施工完毕后用耐酸砖砌筑封堵
外表面抹30mm1:2水泥砂浆
环形悬臂
环形悬臂平面布置示意图

图 20　烟囱结构简图

2.11.3 隐蔽项目检查方法

烟囱隐蔽项目检查方法如表 13 所示。

表 13 烟囱隐蔽项目检查方法

设备部位	检查项目	检查内容及标准
耐酸衬里	1. 烟囱内耐酸砖、耐酸胶泥表面检查	1. 目测无损坏，必要时烟囱内部搭升降装置检查。
烟囱外部	1. 标识色检查	1. 目视检查标识色是否脱落。
	2. 爬梯宏观检查	2. 目视检查爬梯是否锈蚀，爬梯支承锈蚀情况。
	3. 烟囱表面宏观检查	3.1 烟囱表面是否有水泥脱落和泄漏痕迹。
		3.2 脱落部位是否有钢结构腐蚀。
		3.3 视检查情况，对混凝土鉴定检测，钢筋分布扫描检测。
烟囱顶部	1. 宏观检查	1.1 目视检查烟囱顶表面有无腐蚀破损情况。
		1.2 目视检查护栏钢结构有无腐蚀损坏情况。
		1.3 目视检查避雷设施有无损坏。
		1.4 囱帽须着重检查，有无疏松破损情况。
结构检查	1. 视情况检查和测定混凝土各部位及构件	1.1 混凝土强度检测。
		1.2 混凝土碳化深度检测。
		1.3 混凝土芯样检查，根据芯样检查混凝土筒内壁受腐蚀程度及现状，混凝土强度。
		1.4 钢筋规格及分布校核。
	2. 视情况检测筒体变形情况。	2.1 筒身倾斜度检测，采用高精度全站仪测量。
		2.2 采用远程遥测系统，对烟囱结构动态特性参数进行检测。
烟囱内衬	1. 宏观检查内衬结构砌筑质量	1. 检查内衬结构表观现状，是否存在腐蚀、破损、缺失、开裂等缺陷。
地基基础	1. 检查烟囱散水	1. 目测是否完好不存水。
	2. 视情况进行地基检测	2. 采用高精度水准仪测量评价地基不均沉降。
附属设施	1. 爬梯和平台宏观检查	1.外观检查锚固、连接是否有变形和锈蚀情况。
	2. 避雷接地装置检查	2. 目测连接是否完好和锈蚀情况。
	3. 航空标志	3. 目测是否完好。

2.11.4 处理措施

根据使用时间及运行情况，对烟囱进行内、外部专项检查，可采用先进技术进行检查（使用超 20 年烟囱，建议每周期进行一次专项检查）。

（1）修复处理消除耐酸衬里缺陷，确保衬里完整无缺。

（2）外表面混凝土缺陷修复，避免钢筋外露。

（3）安全附件避雷针、静电接地、航空标识必须修复完好。

（4）必要时采用专项评定的方法，确认缺陷是否影响烟囱安全运行。结构鉴定及评估一般包括：

①承载力验算；

②主要受力构件定级；

③结构安全评估。

根据钢筋混凝土烟囱设计图、国家规范、检测结果，对钢筋混凝土烟囱结构实际承载能力计算机建模验算分析，综合检测结果对钢筋混凝土烟囱结构的安全性进行评定，查清钢筋混凝土烟囱质量问题，并且根据烟囱设计后续使用年限，提出加固处理方案。

3　手册引用文件

［1］石油化工设备维护检修规程　第一册　通用设备

［2］石油化工设备维护检修规程　第二册　炼油设备

［3］石油化工厂设备检修手册　泵

［4］石油化工厂设备检修手册　加热炉

［5］石油化工厂设备检修手册　换热器

［6］石油化工厂设备检修手册　容器

［7］SHS 01006　管式加热炉维护检修规程

［8］SHS 01009　管壳式换热器维护检修规程

［9］SHS 01007　塔类设备维护检修规程

［10］SH/T 3096　高硫原油加工装置设备和管道设计选材导则

［11］SH/T 3129　高酸原油加工装置设备和管道设计选材导则

［12］TSG D0001　压力管道安全技术监察规程——工业管道

［13］TSG D7005　压力管道定期检验规程

［14］TSG 21　固定式压力容器安全技术监察规程

［15］GB 50236　现场设备、工业管道焊接工程施工及验收规范

［16］GB 50484　石油化工建设工程施工安全技术规范